# ACADÉMIE

## DES SCIENCES, LETTRES ET ARTS

## DE MARSEILLE

—————

# DISCOURS DE RÉCEPTION

## Du docteur Charles **LIVON**

—————

SÉANCE PUBLIQUE DU 8 MAI 1887

—————

MARSEILLE

TYPOGRAPHIE ET LITHOGRAPHIE BARLATIER-FEISSAT

Rue Venture, 19.

—

**1887**

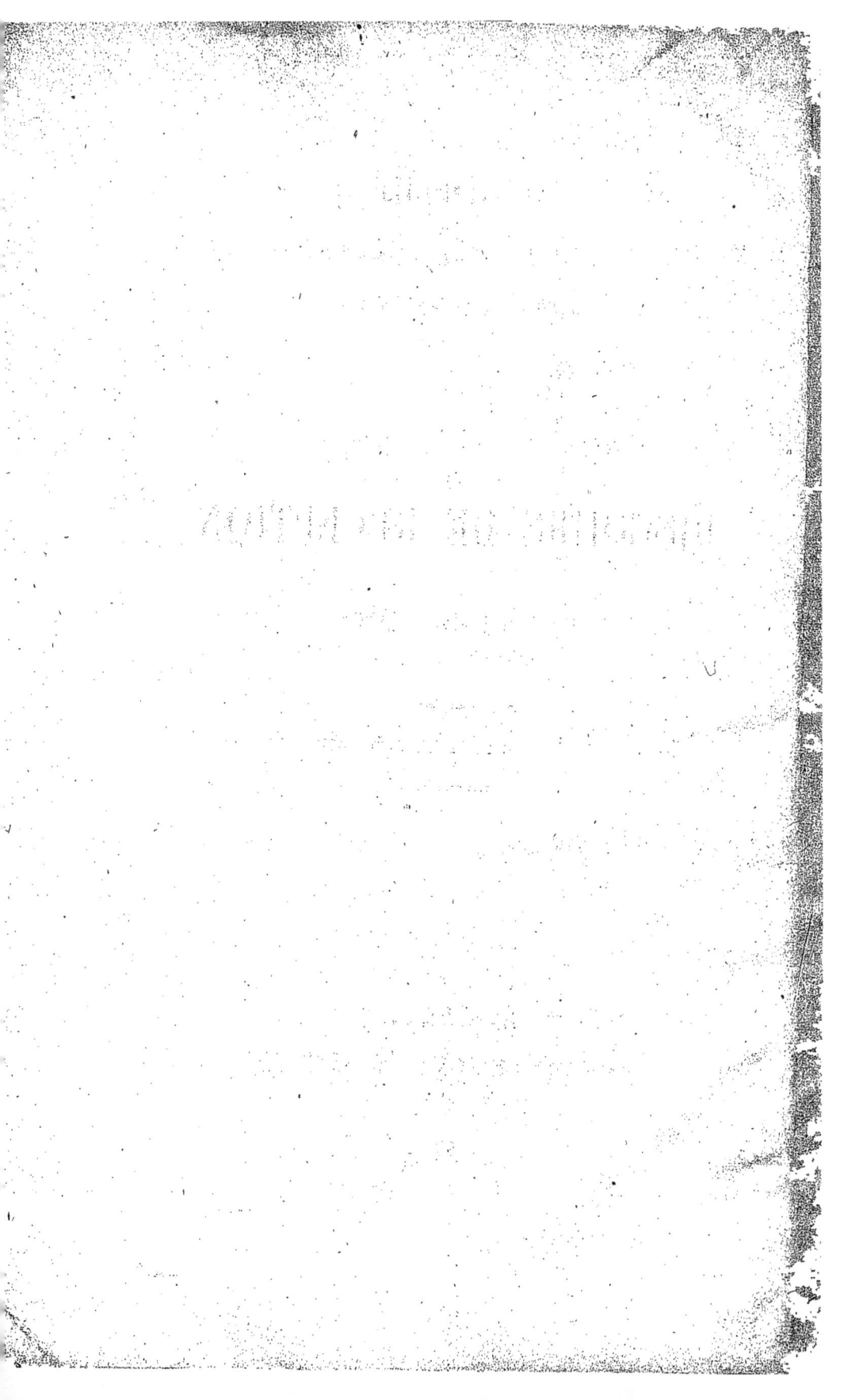

# ACADÉMIE

## DES SCIENCES, LETTRES ET ARTS

## DE MARSEILLE

# DISCOURS DE RÉCEPTION

## Du docteur Charles LIVON

Séance publique du 8 Mai 1887

MARSEILLE

TYPOGRAPHIE ET LITHOGRAPHIE BARLATIER-FEISSAT
Rue Venture, 19.

1887

Messieurs,

L'honneur que je reçois aujourd'hui, est pour moi si grand, si flatteur, que j'en suis à me demander ce qui a pu me faire juger digne par vous, d'être admis dans cette illustre Compagnie, où l'esprit humain est représenté par tout ce qui est fait pour l'élever, pour lui faire, pour ainsi dire, concevoir une plus haute opinion de lui-même en lui donnant un certain orgueil; en un mot, par tout ce qu'il a pu produire de plus beau, de plus noble, de plus grand : les lettres, les arts et les sciences.

De quelque côté que je jette les yeux, je ne vois que poètes délicats, littérateurs exquis, artistes consommés, savants éminents, qui tous ont su donner le jour à des œuvres où se marient l'esprit, le goût, l'énergie, la clarté, la chaleur, vrais reflets de ce beau ciel de Provence.

Que puis-je vous offrir à mon tour, qui soit digne de la distinction dont vous m'honorez et qui ne vienne faire un contraste trop grand au milieu de vos travaux élevés ?

Quelques recherches de biologie pourront-elles répondre à cette indulgence, à cette complaisance que vous m'avez témoignées ? J'avoue que ma confusion, mon embarras seraient grands, si je ne voyais là, un encouragement à poursuivre dans cette voie, qu'ont illustrée tant de savants Français ; si je ne voyais là, votre volonté de perpétuer, une fois de plus, cette union des sciences avec les lettres et les arts ; union que vous ne cessez de consacrer, toutes les fois que l'occasion vous en est offerte, pour montrer combien l'on a raison de dire que les arts et les lettres sont les sœurs aînées des sciences. Dans leur évolution intellectuelle, en effet, les peuples obéissent à cette loi, et, toujours ils ont produit leurs poètes, leurs artistes et leurs philosophes, avant de former leurs savants.

Vous avez voulu aussi, que la science éminemment française développée par les Bichat, les Magendie, les Claude Bernard, les Pasteur, fût représentée dans votre sein. Ne vous serez-vous pas mépris, et mon faible mérite pourra-t-il avoir cette prétention ? Je n'ose le croire.

Je dois donc, Messieurs, aux sciences biologiques, l'honneur d'avoir été élu membre de l'Académie de Marseille. Vous ne serez pas étonnés alors qu'en cette circonstance solennelle, je reporte à la science l'honneur qui me vient d'elle et que je vous entretienne d'une des plus belles conquettes que nous lui devions.

Parler de biologie, c'est toucher à un sujet assez neuf, je dirais volontiers actuel. Car, une des gloires du XIXᵉ siècle, sera sans contredit d'avoir approfondi bien des phénomènes inexpliqués. Grâce, en effet, aux travaux modernes, et nous pouvons le dire hautement et avec fierté, grâce aux travaux de l'École Française, bien des phénomènes inconnus autrefois ont reçu leur explication aujourd'hui.

Dans son art de persuader, Pascal, en parlant des
deux entrées, par où les opinions sont reçues dans
l'âme: l'entendement et la volonté, dit : « la plus ordi-
naire, quoique contre la nature, est celle de la volonté,
car tout ce qu'il y a d'hommes, sont presque toujours emportés à croire, non par la preuve, mais par
l'agrément. »

Je crains fort, Messieurs, que vous ne soyez obligés
de vous distinguer des hommes dont parle Pascal, car,
si quelque chose doit manquer à mon exposé, c'est,
sans nul doute, l'agrément. Si j'arrive donc à vous
faire envisager les sciences biologiques sous leur
véritable jour, avec toute la portée qu'elles acquièrent
maintenant, c'est qu'avec cet esprit qui vous distingue
tous, vous saurez n'avoir garde qu'à votre entendement, ne vous attachant nullement à l'aridité du style
d'un homme, habitué à interroger les secrets de la
nature dans le silence du laboratoire où l'on ne cultive
pas spécialemet les figures de rhétorique. Aussi, ne
puis-je m'empêcher de vous manifester l'impression
toute particulière que me procure ce passage de l'atmosphère du laboratoire à l'atmosphère de l'Académie. Ce
commerce de tous les jours, avec des hommes supé-
rieurs, habitués à cultiver les lettres et les arts, est un
complément indispensable à la vie du savant. Car, ce
contact élève l'esprit, forme le goût et fait vivre de la
vie de l'intelligence.

« Les secrets de la nature sont cachés, a dit encore
Pascal, quoiqu'elle agisse toujours, on ne découvre
pas toujours ses effets ; le temps les révèle d'âge en
âge et, quoique toujours égale en elle-même, elle n'est
pas toujours également connue. Les expériences qui
nous en donnent l'intelligence, multiplient continuel-
lement ; et comme elles sont les seuls principes de la
physique, les conséquences multiplient à proportion.»

N'est-ce pas là, ce qui se produit journellement ?
N'est-ce pas là, la marche graduelle de nos connaissances, indiquée et tracée par ce grand philosophe ?

Il prévoyait que le raisonnement était loin d'être suf-
fisant pour en arriver à découvrir la vérité et que l'esprit humain, dans cette curiosité toujours croissante
qui le dévore, s'adresserait à autre chose qu'à sa raison, qui, toujours prête, il est vrai, à le contenter, le
trompe plus souvent qu'elle ne l'instruit. Au dessus
de la raison, en effet, il y a le fait, autrement dit l'expérience en matière scientifique.

L'esprit humain, dans son évolution à travers les
siècles, a changé plusieurs fois de guide. Du sentiment qui le subjuguait primitivement, il a passé à la
raison et ce n'est qu'à la fin qu'il a reconnu que le
meilleur de tous les maîtres, était l'expérience.

Les phénomènes biologiques l'intriguaient fort, la
raison seule était impuissante à lui répondre, il s'est
adressé à l'expérience et devenant expérimentateur, il
s'est transformé, suivant l'expression de Cl. Bernard,
en juge d'instruction de la nature.

C'est ainsi que déchirant peu à peu le voile qui lui
cachait les phénomènes complexes qui se passent dans
les êtres organisés, il en est arrivé à élever aux sciences biologiques, ce magnifique piédestal qu'il nous est
donné de considérer aujourd'hui comme la base de
tout ce bel édifice.

La science de la vie est restée longtemps, on peut le
dire, dans le chaos. On rencontre bien, de temps en
temps, quelques jalons plantés par des esprits supé-
rieurs devançant leur siècle, mais, pour avoir sur tous
les phénomènes biologiques des notions plus exactes,
laissant loin derrière elles tout ce que l'on a pu dire
précédemment, il faut compulser les annales contem-
poraines.

Emporté par une philosophie changeant, il faut le
reconnaître, avec les hommes et les époques, l'esprit
humain a cherché longtemps à expliquer tous ces
phénomènes, qui entretiennent la vie, par des théories
que n'étayaient que les systèmes philosophiques en
honneur dans le moment.

Autant de systèmes philosophiques, autant par suite
de théories. Elles étaient bien quelquefois diamétra-
lement opposées ; mais, qu'importait, elles répon-
daient aux systèmes philosophiques, elles satisfai-
saient leurs promoteurs. Le critérium expérimental
n'existait pas.

Les recherches ont donc toujours été dirigées vers
l'explication de la vie. Mais cette vie n'est pas éter-
nelle, elle a des limites. Quelquefois même, au plus
fort de sa course, lorsque tout semble concourir à la
prolonger, elle se trouve brusquement brisée par la
mort. L'être animé a cessé de vivre.

Après avoir cherché à expliquer la vie, il fallait
donc chercher à expliquer les causes de la mort.
Approfondir ces deux problèmes, voilà le but pour-
suivi par les sciences biologiques.

Certains esprits ne vont pas manquer de voir là de
la témérité orgueilleuse. Qu'ils se tranquillisent, le
vrai biologiste ne va pas se perdre dans les questions
surnaturelles ; il se contente d'étudier les phénomènes
accessibles des diverses fonctions, en suivant le principe de Descartes, qu'il faut toujours commencer par
les choses les plus simples pour en arriver ensuite
aux plus compliquées. « La science qui se connaît elle-
même, a dit M. Pasteur, sait qu'il ne lui servirait de
rien de disserter sur l'origine des choses ; elle sait
que, pour le moment du moins, cette origine est en
dehors de la puissance de son investigation. »

Je voudrais pouvoir vous montrer, dans leur évolution générale, les sciences biologiques, depuis que
sorties de ce labyrinthe où la science spéculative
jouait un grand rôle, elles ont commencé à se dépouil-
ler de tout ce qui concourait à les obscurcir, pour
former un champ d'observations, donnant des résultats d'autant plus surprenants, qu'il était mieux
exploré. Mais la tâche serait trop longue. Quoique de
date récente, les sciences biologiques ont un histo-

rique assez compliqué et, aborder un pareil sujet, me forcerait à dépasser les limites que je dois m'imposer.

Il faudrait que je passasse en revue toutes les principales fonctions de l'organisme, car aucune n'a été délaissée par les travailleurs du XIX^me siècle. Toutes, on peut le dire, ont été explorées, et, bien que les résultats n'aient pas toujours répondu aux premières espérances des chercheurs avides, ces derniers ont toujours eu au moins la satisfaction de jeter quelque clarté sur des points restés obscurs jusque là.

Que l'on envisage nos connaissances relativement à la digestion, à la respiration, à la circulation et aux autres fonctions, et l'on verra si je ne dis pas vrai. Mais, de toutes, l'innervation est, sans contredit, celle qui a fourni les résultats les plus surprenants, les plus variés.

C'eut été avec un certain plaisir, je ne le cache pas, que j'aurais abordé une revue des progrès que la méthode expérimentale a fait faire à l'étude des fonctions du système nerveux. C'est un sujet qui est plein d'attrait pour le biologiste, et les surprises dans cette voie sont si fréquentes et si imprévues, que tout esprit chercheur aime à s'y laisser entraîner.

Il est curieux, en effet, de suivre les différentes phases qu'ont traversées ces études, depuis Galien jusqu'à nos jours ; de voir les phénomènes pathologiques, pris au moyen-âge pour des phénomènes surnaturels, dans lesquels le diable avait une grande part, pour en arriver peu à peu à l'hypnotisme moderne. Quelle distance parcourue !

Il n'est pas moins curieux de voir que bien des phénomènes de sensibilité, tels que l'émotion, la joie, la colère, la peur, qui paraissent insaisissables, sont en somme des phénomènes biologiques qui n'échappent pas au creuset de l'expérimentation, car on peut les enregistrer, grâce à leur influence sur le cœur, l'organe central de la circulation.

Mais alors, dira-t-on, que deviennent les plus beaux,

les plus nobles sentiments? Que les poètes se rassu-
rent, les sentiments resteront toujours ce qu'ils doivent
être, et ce n'est pas parce que le biologiste pourra les
analyser que l'amour du beau, du vrai, et du bien
cessera de faire battre le cœur.

Toutes les fonctions, l'expérimentation l'a démontré,
sont sous la tutelle du système nerveux, qui les active
ou les ralentit, et qui sera toujours le grand coordi-
nateur de l'organisme.

Il est facile de juger par là combien j'aurais pu
trouver à glaner dans cet immense champ. Mais, j'ai
préféré emprunter aux sciences biologiques un sujet
moins spécial, un sujet qui marque une ère nouvelle,
et qui doit aux travaux de l'École Française moderne
une allure telle, que l'avenir lui ménage de merveilleux résultats.

Je veux parler des virus et de leur atténuation.

Il arrive du reste un moment où les grandes découvertes faites par la science, ne peuvent plus se confiner
dans ces sanctuaires savants où on les élabore et où
on les discute. Elles franchissent les murs du laboratoire pour se répandre au dehors, et le public, piqué
par la curiosité qui accompagne le mystère qui les
voile à demi, s'en préoccupe fort. Son esprit chaque
jour cherche à pénétrer plus avant les bienfaits qu'il
pourra retirer des découvertes faites par le génie de
ses savants. Il demande, avec raison, à avoir quelques
détails sur les résultats et quelques notions sur les
procédés employés. Nous sommes arrivés à cet instant
pour les virus et c'est pourquoi j'ai cru devoir en
parler ici.

Ce sujet mieux que tout autre, démontre la valeur et
l'importance des expériences bien faites. Ce sont, en
effet, les maladies virulentes des animaux qui vont
nous servir de guide, car elles sont bien mieux connues que celles qui frappent l'homme. Pourquoi cela?
C'est que l'expérimentation, permise sur les animaux,
donne le moyen d'approfondir les symptômes, de les

2

provoquer à volonté, de les étudier dans toutes leurs phases.

En présence de cela, viendra-t-il encore à la pensée de quelqu'un, de s'apitoyer sur le sort de quelques animaux que l'on sacrifiera, quand il y va du salut de centaines d'hommes?

C'est le cas de dire que c'est là de la sensibilité mal placée, de la sensibilité inhumaine. Ne voit-on pas les conséquences admirables de toutes ces expériences? Connaissons bien les maladies propres aux animaux; connaissons bien les maladies communes aux animaux et aux hommes, et appliquant les mêmes principes aux uns et aux autres, nous pourrons en arriver à préserver les uns et les autres.

Doit-on négliger un pareil résultat? Je dirai davantage, il n'est plus même permis de renoncer à expérimenter.

Oui, Messieurs, en présence des magnifiques progrès obtenus par la méthode expérimentale, s'arrêter serait un crime de lèse-humanité! La vie d'un seul homme, ne vaut-elle pas la vie de centaines d'animaux? S'il n'existait pas d'animaux, a dit Buffon, la nature de l'homme, serait encore plus incompréhensible.

Lorsque nous pouvons avoir en main les moyens de lutter contre la maladie, cette ennemie de la vie, pourquoi reculer? pourquoi ne pas tout tenter pour prolonger cette vie déjà si courte.

> . . . . . . . . . Le temps est si rapide!
> L'enfant marche joyeux sans songer au chemin;
> Il le croit infini n'en voyant pas la fin.
> Tout à coup, il rencontre une source limpide,
> Il s'arrête, il se penche, il y voit un vieillard.

Excusez cet emprunt à Alfred de Musset, mais où aurais-je pu trouver une image aussi vraie, aussi exacte.

Cette course rapide qui représente notre existence,

nous devons chercher à la rendre agréable. Plus nos connaissances seront étendues dans le domaine des sciences biologiques, plus nos jours, comptés à l'avance, pourront s'écouler sans souffrances ; car, pour jouir de ce fonds de vie qui lui est départi, l'homme doit savoir l'administrer avec sagesse et chercher à échapper aux causes accidentelles de destruction.

Les maladies virulentes sont des maladies qui peuvent se transmettre avec des caractères propres, d'individus à individus de la même espèce, ou d'espèces différentes, soit directement, par inoculation, soit indirectement, par infection.

Ces maladies, doivent leur origine à l'introduction dans l'économie d'un principe spécial, désigné sous le nom de virus, lequel possède la propriété de germer et de reproduire des états morbides analogues à ceux dont il provient.

Cette définition semblerait comprendre tout ce que l'on a décrit sous le nom de maladies épidémiques, maladies contagieuses ; mais non, le cadre en est beaucoup plus restreint. Il s'agrandira sans doute, et cela pour le bien de l'humanité, car pour le moment, adoptant la classification de M. Duclaux, nous ne considèrerons comme maladies virulentes, que les maladies à vaccins.

Cela seul, dit assez, combien l'étude de ces maladies est de date récente.

Une seule était connue, avec son caractère particulier de non récidive et son vaccin, la variole, mais, c'était là un fait isolé, qui n'avait pas encore trouvé sa grande loi de généralisation.

Les autres maladies virulentes existaient il est vrai, car heureusement elles ne sont pas de création récente, mais l'incertitude la plus grande régnait encore sur la nature de ce principe spécial qui leur communiquait la virulence.

Les liquides de l'organisme, qui devenaient virulents parce qu'ils provenaient d'individus morts de maladies virulentes, ne paraissaient point avoir de caractères propres en dehors de leur virulence extrême.

Bien plus, ces maladies étaient considérées même comme pouvant naître spontanément, soit sur les animaux, soit sur l'homme.

Il est curieux, maintenant que nous commençons à avoir des notions plus exactes sur ce sujet, de jeter un regard rétrospectif sur les diverses opinions émises par les savants, sur ces maladies, et de voir jusqu'où l'imagination a pu se laisser entraîner, toujours pour tâcher de se satisfaire, en trouvant une explication.

C'est une curiosité que chacun peut satisfaire, mais ce n'est ici, ni le temps ni le lieu d'en parler. Le présent est si beau qu'il ne faut point songer à regarder en arrière. Marchons dans le sentier ouvert, sachons au besoin modérer notre course, en regardant toujours droit devant nous, Ce n'est qu'à ce prix que nous pourrons atteindre le but recherché : la vérité. Car, la vérité scientifique me semble pouvoir se comparer à cette cime élevée que l'on aperçoit à l'horizon, et vers laquelle on marche avec l'espoir d'y arriver bientôt, sans pouvoir apprécier au juste le nombre et la profondeur des vallées qui en séparent. A chaque vallée franchie, il semble que le but est atteint. Il n'en est rien. La cime est toujours là, en face, conservant sa même distance. Malheur alors, à ceux qui se laissent aller au découragement, qu'ils s'arrêtent ou qu'ils rétrogradent, leur fatigue est d'autant plus grande, qu'ils n'ont pas pour se reposer cette satisfaction que l'on éprouve en touchant au terme désiré.

Assurément de toutes les études, celles qui ont pour objet les phénomènes biologiques, sont, on le comprend facilement, entourées d'innombrables difficultés, d'une complexité inouïe, et, pour les surmonter il faut de longs efforts. Le vrai savant ne doit pas se laisser abattre au milieu de tous les obstacles qui se dressent devant lui à chaque pas, et son courage doit reprendre, dès que dans les résultats obtenus, il aperçoit quelques lueurs qui lui indiquent qu'il marche dans la bonne voie.

Toutes les découvertes modernes ne sont-elles pas faites pour donner du courage ? Et ne donnent-elles pas raison à ceux qui ont su se guider sur ces lueurs pour en arriver à la grande lumière ?

Un exemple seul suffira, et cet exemple est précisément celui qui a marqué le point de départ de toutes les découvertes modernes sur les microbes, et sur leur rôle considérable dans l'économie générale du monde.

MM. Rayer et Davaine, deux médecins français, examinant au microscope, en 1851, du sang d'animaux morts du charbon, constatèrent la présence de très petits corps filiformes, immobiles et raides, qui se trouvaient mêlés aux corpuscules du sang.

Ces observateurs se contentèrent alors de prendre note du fait, sans y ajouter une grande importance.

La même observation, toujours sans déduction, fut faite en Allemagne en 1855, par Pollinder et en 1857 par Brauell. « Quant à voir entre les deux phénomènes, dit M. Duclaux, ce que nous y voyons si naturellement aujourd'hui, une relation de cause à effet. Quant à admettre qu'entre un organisme puissant et résistant comme celui du bœuf et un être presque invisible, il pouvait s'établir une lutte ou celui-ci avait raison de celui-là, il eût fallu pour le faire, ou une audace d'esprit rare chez les savants, que l'expérience rend prudents dans leurs déductions, ou un génie d'intuition plus rare encore. La science n'était pas encore mûre pour voir naître une pareille hypothèse, encore moins pour la voir justifier. »

Les choses en étaient là, lorsque M. Pasteur, démontra en 1861, que ce qui transformait l'acide du lait aigri en acide du beurre rance, n'était autre chose qu'un agent en forme de bâtonnet, extrêmement petit, semblable au bâtonnet observé en premier lieu par Davaine et Rayer. Malgré sa petitesse, cet agent se montrait très actif, avec une puissance de transformation inouïe.

Ce fut un trait de lumière pour Davaine, qui se demanda alors, si ce qu'il avait observé dix ans auparavant, avec Rayer, n'était pas l'agent particulier de la maladie des animaux dont il avait examiné le sang, et si ce n'était pas l'agent de transport de la maladie d'un animal à un autre.

La voie était ouverte, tous les travaux effectués depuis cette époque, sont venus confirmer la première idée de Davaine et montrer tout ce qu'il peut y avoir de résultats dans une observation bien faite que l'on ne laisse pas perdre.

Voilà, par conséquent, une maladie virulente, dont le principe actif est un élément figuré, se reproduisant toujours avec les mêmes caractères et avec une rapidité étonnante.

Immédiatement l'esprit de généralisation de faire son œuvre et de poser la question : tous les virus renferment-ils un élément figuré spécial ?

Une seule maladie virulente ayant son vaccin était connue : la variole. C'était vraiment le cas de rechercher si réellement elle tenait sa virulence de la présence d'un élément figuré ayant quelque analogie avec celui que l'on venait de découvrir pour le charbon.

Ce sont surtout les expériences de M. Chauveau, qui ont établi que la variole et le vaccin ont un élément spécifique spécial et que c'est un microbe de l'espèce *micrococcus*. « Les humeurs virulentes, dit M. Chauveau, sont formées d'un véhicule liquide, plus ou moins séreux, dans lequel nagent des parties figurées, comme des hématies, des globules blancs, des globulins, des granulations protoplasmiques, des micrococcus, quelquefois d'autres bactériens ou vibrioniens. »

« La démonstration est maintenant complète ; c'est bien parmi les éléments corpusculaires qu'il faut chercher le virus ; il n'y a plus à douter que ce ne soit un ferment figuré. »

C'est par des expériences ingénieuses et précises, que M. Chauveau a démontré que dans la variole et la vaccine, la virulence ne résidait pas dans les liquides, mais bien qu'elle était fixée sur les parties solides, particulièrement sur les granulations.

Il y avait donc là, un fait d'une très grande importance. La variole, maladie virulente, possédant son vaccin, c'est-à-dire un virus protecteur, était représentée dans sa partie spécifique par un élément figuré spécial.

Pourquoi, par analogie, les autres maladies virulentes, à éléments figurés, appelez-les : microbes ou bactéries, ne seraient-elles pas susceptibles de posséder, elles aussi, un virus protecteur, un vaccin ?

Nous voici donc, avec deux maladies à éléments spécifiques particuliers : le charbon, la variole. Ce qui se produit pour celle-ci, existe-t-il pour celle-là ? Peut-on trouver dans la nature une maladie, tout-à-fait analogue au charbon, qui transportée sur l'homme ou les animaux, soit capable de leur conférer l'immunité ? Rien de semblable n'existe. Là où le génie observateur de Jenner avait su découvrir tant de bienfaits pour l'humanité, l'observation pure ne pouvait rien. Il a fallu le génie expérimentateur d'un homme qui est la plus grande illustration de son siècle et de son pays.

Voyons la succession des faits.

La simple observation avait démontré que bien des maladies contagieuses ne frappaient pas deux fois le même individu. Il était donc permis de penser que si l'on pouvait déterminer artificiellement une atteinte légère d'une de ces maladies, l'individu serait préservé pour le restant de ces jours.

L'histoire des maladies épidémiques vient confirmer cette observation.

On a donc cherché, tout d'abord, à diminuer le plus possible ces épidémies meurtrières de variole qui décimaient les populations, en se basant sur le fait de la non récidive.

Cette maladie faisait des ravages tels, qu'au dire de Rhazès, médecin arabe du Xe siècle, sur vingt personnes, une ou deux seulement échappaient à la maladie. C'était une maladie aussi terrible que menaçante et l'on doit à Storck, médecin mort en 1751, cette phrase aussi originale que caractéristique : « La variole et l'amour n'épargnent personne. »

En présence de ce danger permanent, vint alors l'idée de communiquer la maladie lorsqu'elle paraissait être bénigne, puisque l'on avait reconnu qu'une variole faible préservait à l'égal de la plus intense.

C'est ce que l'on a appelé : la variolisation.

C'était là, une simple observation, basée sur les faits, dont on était témoin chaque jour ; observation déjà assez ancienne, car, sans chercher à faire ici de l'histoire, il est assez difficile de savoir à quelle époque on a commencé à varioliser. A en croire Voltaire, c'était en Géorgie et en Circassie, dans les temps les plus reculés, une opération vulgaire. Était-ce dans un but hygiénique ? Pas absolument ; car si les parents avaient de bonne heure recours à ce moyen de préservation, c'était le désir de conserver la fraîcheur du visage à leurs filles, appelées à peupler de beautés les harems du Grand-Seigneur et du Sophi de Perse.

Voilà quelle serait l'origine de la variolisation. Il ne faut pas en vouloir à ceux qui les premiers l'employèrent dans ce but ; l'amour du beau, fera toujours partie intégrante de la nature humaine.

La variolisation était donc pratiquée depuis longtemps avec assez de succès, lorsque Jenner en 1798, publia son premier mémoire. « Mes recherches, écrit-il, sur la nature de la vaccine, commencèrent il y a environ vingt-cinq ans, en 1775. Mon attention sur cette singulière maladie, fut d'abord excitée pour avoir observé que parmi les personnes que j'étais souvent appelé à inoculer dans les campagnes, il s'en trouvait plusieurs auxquelles il m'était impossible de communiquer, l'infection de la petite vérole, quelques précautions que je prisse pour cela. Je découvris enfin, que ces derniers avaient eu une maladie, qu'elles appelaient la petite vérole des vaches, dont elles avaient été atteintes en trayant des vaches affectées d'une éruption particulière sur les mamelles. Je découvris, de plus, que cette maladie éruptive, paraissait avoir été connue de tout temps, dans les fermes de ce pays et qu'il existait une opinion assez vague sur ses effets préservateurs de la petite vérole. »

Partant de là, multipliant ses observations et ses expériences, Jenner en arriva à découvrir le vaccin.

Inutile de parler de tous les débats soulevés et des flots d'encre répandus sur cette question. L'expérience d'un siècle parle, et malgré toutes les ligues possibles, on vaccine et l'on vaccinera toujours, de même que l'on fait et que l'on fera toujours des expériences sur les animaux.

Ce fait était unique, lorsqu'en 1880, M. Pasteur fit une découverte des plus importantes.

Les animaux de basses-cours sont parfois atteints d'une maladie contagieuse très-meurtrière, que l'on appelle le choléra des poules. Par une série de recherches, M. Pasteur en arriva à découvrir que cette maladie, qui devait sa virulence à un microbe particulier, pouvait, par un artifice de laboratoire, perdre une partie de sa virulence et être inoculé aux poules sans danger, et que bien plus, cette première inoculation, avec ce virus atténué, les préservait des atteintes de la maladie mortelle, que l'on pouvait leur inoculer impunément.

C'était là le premier exemple d'un virus atténué. C'était là le premier exemple d'une maladie produite par un microbe dont on pouvait expérimentalement modifier le virus.

3

Quel est le procédé qui avait été employé ? Le changement des conditions biologiques du microbe lui-même.

Dans toutes ces maladies, il y a lutte entre l'organisme envahi et le microbe. Que les conditions biologiques de l'un ou de l'autre soient changées, et la victoire restera définitivement à l'un ou à l'autre.

Cette découverte des modifications que l'on peut faire éprouver à un virus, autrement dit, son atténuation, est une des plus belles de notre époque, elle mérite quelques détails, que vous me pardonnerez en raison de l'importance du sujet.

C'est une aurore splendide qui se lève après cette nuit obscure qui enveloppait de toute part la grande question des virus. Aurore naissant de notre pays pour répandre ses rayons sur le monde entier. « Nous ne pouvons oublier, d'ailleurs, écrit un savant belge, le docteur Warlomont, que c'est de la France que nous sont venues les vives lumières qui éclairent aujourd'hui la question des virus. On a pu lui enlever des provinces ; quelques velléités qu'on en témoigne, on ne lui volera pas cette gloire. »

L'élément figuré du choléra des poules, autrement dit son microbe, est extrêmement petit ; il se développe admirablement dans le corps de la poule, ou artificiellement dans du bouillon de poule, mais alors son développement varie en raison inverse du temps. C'est-à-dire qu'au début, il se développe avec une grande rapidité, puis peu à peu, ce développement se ralentit, il finit même par s'arrêter, et ses granulations qui conservaient au commencement leurs dimensions ordinaires, en vieillissant, diminuent de volume. Ce microbe, si actif, est devenu inoffensif, et pour peu que l'on attende quelques jours encore, il est frappé de mort. Il n'est plus capable de se développer dans du bouillon nouveau qui, pourtant, constitue pour lui le meilleur terrain de culture.

Si, prenant du liquide de culture au commencement du développement, on en inocule une poule, peu de temps après, on voit apparaître chez elle les symptômes de la maladie désignée sous le nom de choléra des poules, et elle ne tarde pas à succomber en ayant tous ses organes envahis par le microbe.

Si maintenant la même inoculation est faite avec la culture plus vieille, les phénomènes primitifs seront à peu près les mêmes, mais pourtant après quelques jours de maladie, après avoir présenté les mêmes symptômes, l'animal ne meurt pas ; il reprend toutes les apparences de la santé.

Dans les deux cas, il y a eu lutte. Dans le premier, le microbe était jeune, en possession de toute sa virulence ; il a eu rapidement raison de cet organisme. Dans le second, au contraire, affaibli par la vieillesse, il a été obligé de succomber sous les efforts de cet organisme, qui un moment semblait devoir être vaincu, mais qui a eu assez d'énergie pour résister.

Peut-on maintenant établir une comparaison entre ce fait et le rôle joué par la variole légère et la vaccine dans l'espèce humaine ?

La réponse affirmative constitue un des plus beaux fleurons de la méthode expérimentale. Oui, la comparaison peut être établie, car de même qu'un organisme qui a été vacciné ou qui a eu la variole a contracté l'immunité pour un certain temps, de même cette poule est insensible à l'inoculation du microbe le plus jeune et le plus virulent. Elle est vaccinée contre la maladie. Elle pourra vivre au milieu des microbes, en absorber, se trouver avec d'autres poules malades, elle sera dans les conditions de tous ceux qui bien vaccinés ou qui venant d'avoir eu la variole, peuvent vivre sans danger aucun au milieu des varioleux. Il y a, je le sais, des conditions de qualité et de quantité de virus, donnant lieu à des exceptions. Mais je ne fais ici qu'une étude d'ensemble et je ne dois m'occuper que des grandes lignes.

Une notion jaillissait donc de cette belle découverte, c'est que sous l'influence des causes les plus naturelles, un même virus pouvait subir de grandes variations dans sa virulence et de mortel devenir protecteur. « Un grand secret se dévoilait ainsi, dit Bouley. Le moyen était découvert d'accommoder l'activité du virus à la résistance vitale, de transformer la maladie mortelle qu'il cause, quand il est dans sa pleine puissance, en une maladie compatible avec la conservation de la vie, et de faire bénéficier l'organisme des effets de cette maladie en l'investissant de l'immunité qui lui fait suite. C'est effectivement ce que l'expérimentation démontra. Grâce à l'atténuation de l'énergie du microbe de la virulence du choléra des poules, il devient possible de transmettre cette maladie sous une forme bénigne et de rendre désormais invulnérables à ses atteintes les animaux qui l'avaient subie sous cette forme. »

Cette découverte mémorable, ouvrait le champ à l'espérance. Ce qui était la réalité pour une maladie virulente, dont on connaissait le microbe, ne serait-il pas aussi possible pour une autre maladie dont la bactéridie était connue? Ce fait de l'atténuation expérimentale d'un virus, resterait-il seul pour le choléra des poules ?

La découverte était trop belle, pour ne pas exciter la merveilleuse sagacité de M. Pasteur. C'est alors que, partant de ses belles études, il se demanda si le procédé qui lui avait permis d'atténuer la virulence du microbe du choléra des poules, ne pourrait pas devenir un procédé général d'atténuation de la virulence des maladies occasionnées par des microbes.

La maladie qui s'offrit naturellement à ses investigations fut celle dont le microbe a été le premier découvert, celle qui a servi de point de départ à toutes les observations qui ont été faites sur ce sujet. C'est le charbon.

Le succès ne tarda pas à couronner ses efforts et le résultat obtenu pour le choléra des poules, se retrouva pour la maladie charbonneuse avec cette différence, c'est que le service rendu fut encore plus grand, plus inespéré. Les nombreuses applications qui ont été faites depuis, en sont une preuve éclatante.

Ici pourtant, surgit une difficulté. Pour atténuer la virulence du choléra des poules, il suffit de laisser les cultures exposées un certain temps à l'air. Mais, la bactéridie charbonneuse donne facilement des spores à vie latente et qui résistent à l'action des agents extérieurs. Il faut donc chercher à empêcher la formation de ces spores, ce qui se produit en maintenant les cultures au voisinage des températures de 16 ou de 43 degrés, températures auxquelles la formation des spores est impossible. A l'une de ces températures, ce microbe continue à vivre et à pulluler, mais sans former de spores et de même que le microbe du choléra des poules, avec le temps, il s'atténue à tel point que très virulent et mortel au début pour tous les animaux auxquels on l'inocule, il devient peu à peu inoffensif, en fournissant des vaccins de plus en plus affaiblis, jusqu'au jour où il finit par périr et ne plus pouvoir féconder son meilleur terrain de culture, l'organisme d'un lapin ou d'un cobaye.

L'on peut alors, répéter avec ces cultures de bacteridies charbonneuses, des expériences analogues à celles que j'ai citées à propos du choléra des poules. Les résultats sont les mêmes et l'on finit par avoir des animaux qui, non seulement ne meurent pas du charbon, mais encore qui sont réfractaires à l'inoculation de la bactéridie la plus jeune, la plus virulente.

L'agriculture a largement profité de cette découverte qui fut pour la première fois appliquée en grand à Pouilly-le-Fort, le 5 mai 1881, et qui donna des résultats surprenants.

Tandis que les pertes s'élevaient à 20 pour cent en moyenne et dépassaient quelquefois la moitié des troupeaux, les expériences diverses faites en France ont démontré que la vaccination charbonneuse pouvait réduire ce taux à des proportions très-minimes. Car sur 155 bêtes vaccinées, 2 seulement n'ont pas résisté aux inoculations virulentes du charbon, lorsque sur 118 non vaccinées, 103 ont succombé.

Voilà donc une confirmation de la loi générale de l'atténuation des virus. D'autres maladies depuis ont été étudiées à ce point de vue, et ont montré que la méthode était susceptible de se généraliser comme l'avait fait pressentir M. Pasteur.

Mais où la puissance de la méthode expérimentale apparaît dans toute sa grandeur, dans toute sa force, c'est vraiment dans l'étude des modifications que l'on peut faire subir à la virulence d'un virus.

Nous venons de parler de l'atténuation des virus, nous avons suivi ces virus dans les cultures où ils perdaient leur force destructive, leur énergie mortelle, pour en arriver à posséder une puissance protectrice. Nous pouvons, en sens inverse, voir ces virus atténués, reprendre leur première énergie, avec toute leur virulence. Il suffit de faire passer le virus affaibli, par des espèces différentes à celles sur lesquelles il paraît inoffensif, ou sur des animaux très jeunes de la même espèce.

C'est ainsi que si l'on veut rendre la virulence au microbe atténué du choléra des poules, il suffit de le faire passer plusieurs fois dans l'organisme d'animaux autres que les poules, des serins, des moineaux par exemple, et au bout de quelques passages, ce virus a récupéré toute son énergie mortelle.

Pour la bactéridie charbonneuse atténuée, on peut lui rendre son énergie, en la faisant passer par des cobayes d'un jour ou de quelques heures, et par des passages successifs, on en arrive à avoir un virus extrêmement virulent pour tous les animaux.

Un autre fait ressort de ces expériences, c'est que la science moderne en est arrivée à ce merveilleux résul-

tat de pouvoir modifier à son gré l'énergie des virus
et, permettez-moi l'expression, elle peut *jongler* avec
l'intensité de ces virus si redoutables dans le temps et
que l'on considérait comme immuables. C'est bien le
cas de dire : Nous avons changé tout cela maintenant.
Et à qui le doit-on, si ce n'est à cette méthode expérimentale rigoureuse qui est venue remplacer la science
spéculative ? Tout cela ne démontre-t-il pas que le
moindre fait bien observé, fait quelquefois beaucoup
plus progresser la science que tous les plus beaux
raisonnements. Les vues de l'esprit doivent céder le pas
à l'observation saine et dépourvue d'idées préconçues.

L'expérience a donc démontré pour plusieurs virus,
qu'en les faisant passer par des organismes divers,
l'on pouvait en augmenter ou en diminuer la virulence. Mais celui, pour lequel cette méthode a donné
les plus merveilleux résultats est le virus rabique.

Jusqu'ici, nous avons parlé de virus à microbes bien
déterminés, nous en arrivons maintenant à constater
pour un virus dont on ne connaît pour le moment du
moins, qu'imparfaitement le microbe, des faits éton-
nants, qui viennent une fois de plus, confirmer la loi
de l'atténuation des virus.

L'étude de la rage, nul ne peut le nier, n'est entrée
dans une phase scientifique que depuis que M. Pasteur, guidé par ses premières découvertes, a appliqué
à ce virus sa méthode d'observation.

Jusque là, en effet, tout n'est que mystère dans cette
maladie terrible, qui une fois maîtresse d'un organisme, ne fait point de quartier. L'être le plus fort, se
trouve terrassé au milieu de la santé la plus belle en
apparence ; car pendant toute la période d'incubation
du mal, rien, absolument rien, ne trahit la présence de
l'ennemi.

Toutes les hypothèses les plus curieuses ont été
inventées à ce sujet. On a même été jusqu'à nier la
rage et n'en faire qu'une maladie de l'imagination, ce

qui montre jusqu'à quel point l'esprit humain est susceptible de se laisser égarer. Quant à sa contagion, elle a été tour à tour admise et niée, au nom même de cette méthode rigoureuse que je défends. Témoin l'expérience que fit sur lui-même le Dr. Bellanger de Paris vers 1838, en s'inoculant de la salive dont été imprégné le mouchoir d'une personne qui venait de mourir de la rage. Par une chance des plus heureuses, cette inoculation resta sans conséquence et comme bien l'on pense, elle ne fit qu'augmenter la foi de cet expérimentateur, à la doctrine de la non existence du virus rabique ; opinion, pour ainsi dire, solidement basée sur l'expérience. Mais sur une seule !

Cet exemple à lui seul est très instructif ; il montre, maintenant que l'on connaît toute la virulence de la rage, ce que peut avoir de valeur un seul fait négatif. Il montre, combien l'on doit juger avec prudence en expérimentation et combien il ne faut pas se hâter de conclure; de crainte de n'aboutir qu'à jeter dans une erreur quelquefois bien grossière les esprits les mieux disposés.

Malheureusement, avec cette soif de découvertes, avec, il faut le reconnaître, cette insouciance des conséquences de ce que l'on avance, l'on voit tous les jours des conclusions hâtives qui sont infirmées le lendemain. Ce n'est pas là, la méthode expérimentale bien comprise. Un pareil procédé ne fait souvent que plonger dans la pénombre le point que l'on se propose d'éclaircir, on s'éloigne du but, au lieu de s'en rapprocher.

Les faits ne sont malheureusement que trop souvent venus démontrer que la rage était bien due à l'existence d'un virus et que les imaginations les plus exaltées, comme les plus troublées, n'étaient pas susceptibles, par ce fait seul, de contracter la maladie.

L'existence du virus rabique était donc admise. Mais pour en faire une étude rigoureuse, il fallait pouvoir tout d'abord se procurer le virus à l'état de pureté, car les belles découvertes antérieures sur les virus, n'avaient pu être faites que le jour où l'on était arrivé à les cultiver.

Tout ce que l'on savait sur la rage était que les animaux se la communiquaient entre eux ou la communiquaient à l'homme, par morsures et par conséquent par le liquide qui est déposé dans les plaies de cette nature.

Les premières expériences furent donc faites avec la salive et les glandes salivaires, mais les résultats n'étaient nullement constants.

Les différents organes furent expérimentalement essayés, toujours avec la même inconstance dans les résultats. Le premier fait pourtant, établi d'après les expériences du laboratoire de M. Pasteur fut que de tous les tissus employés, celui qui se montrait le plus virulent, était le tissu nerveux central, le bulbe entre autres.

Un premier point était donc élucidé, le génie investigateur de M. Pasteur sut en profiter.

Les animaux inoculés avec un fragment de bulbe d'un animal rabique, mouraient dans une proportion beaucoup plus grande que lorsque l'inoculation avait été faite avec tout autre tissu. Mais pourtant, après des périodes inégales, ils ne mouraient pas tous. C'est alors que l'Illustre Savant eut l'idée d'aller déposer le virus dans toute sa pureté, au sein même du tissu qui semblait être son terrain de culture de prédilection.

L'expérience est venue confirmer de la façon la plus éclatante ses prévisions. Le moyen était trouvé de se procurer le virus rabique dans toute sa pureté et d'inoculer sûrement les animaux. Aussi M. Pasteur, en août 1884, pouvait-il dire à Copenhague au congrès international des sciences médicales : « Ces deux grands résultats, présence constante du virus dans le bulbe au moment de la mort, et certitude de donner la rage par inoculation dans la cavité arachnoïdienne, sont comme des axiomes expérimentaux, et leur importance est capitale. Grâce à la précision de leur application et à la mise en œuvre pour ainsi dire quotidienne de ces critériums de l'expérience, nous pûmes avancer avec sûreté dans une étude aussi ardue ».

Nous avons dit précédemment, que c'était par des cultures artificielles que l'on était arrivé à modifier la virulence d'un virus. Pouvait-on faire de même pour la rage? A ce point de vue, le virus rabique, diffère jusqu'à présent des autres virus étudiés, car on a dû s'en tenir à la culture sur le lapin, qui a été reconnu comme un réactif précieux, et chercher par conséquent un autre moyen d'atténuation que celui qui avait donné de si beaux résultats avec le choléra des poules et le charbon.

L'on a établi en principe, que la rage était une dans sa virulence : c'est-à-dire que toutes les inoculations pratiquées avec n'importe quel chien rabique, donnaient toujours des résultats semblables, et que de plus, la grande loi de la modification des virus, se retrouvait encore ici, si l'on faisait passer ce virus par des séries d'animaux. Car en inoculant des lapins successivement avec le bulbe des lapins morts, on put constater, après les premiers passages, une tendance à la diminution de la période d'incubation. Les premiers animaux succombaient à la rage au bout de quinze à dix-huit jours, les derniers, après une centaine de passages environ, succombaient toujours après une incubation invariable de sept jours.

On était donc en possession de ce fait, que par des passages successifs sur le lapin, la rage du chien acquérait une virulence maximum et une grande fixité, deux points qui devaient favoriser les études subséquentes.

Jusque-là, le résultat acquis n'avait rien de pratique; il n'était qu'expérimental et scientifique et, pour ainsi dire, contraire au but envié, puisque on obtenait un virus d'une virulence maximum, au lieu d'un virus atténué, pouvant fournir une sorte de vaccin, comme on l'avait fait pour d'autres virus.

C'est alors que M. Pasteur, se basant sur l'opinion de Jenner, eut l'idée d'inoculer différents animaux pour voir si, par ces passages successifs, la virulence ne diminuerait pas.

Bien des animaux furent essayés, mais presque toujours avec le même résultat, exaltation de la virulence. Le singe seul fit exception.

L'expérience démontra qu'en faisant passer le virus rabique, de singe à singe, la période d'incubation de la maladie devenait de plus en plus longue. Il y avait donc là, diminution de la virulence, et la diminution était encore plus marquée si, avec ces singes, l'on inoculait des lapins ou des chiens. Il arrivait même un moment où la rage ne se développait plus, tellement le virus était atténué.

Le fait signalé pour les premiers virus atténués, se reproduisait donc ici, avec des caractères identiques, et, analogie encore plus grande, non seulement les animaux ainsi inoculés ne contractaient pas la rage, mais ils n'étaient plus aptes à la contracter, ils devenaient réfractaires, ils étaient vaccinés.

Seulement, la rigueur des résultats n'était pas encore telle que l'on pût penser à une application. Aussi M. Pasteur, songea-t-il a perfectionner sa découverte. Il y est arrivé. En octobre 1885, il l'annonçait ainsi au monde savant : « Après des expériences pour ainsi dire sans nombre ; je suis arrivé à une méthode prophylactique pratique et prompte, dont les succès sur le chien, sont déjà assez nombreux et sûrs pour que j'aie confiance dans la généralité de son application à tous les animaux et à l'homme lui-même ».

Quelle est cette méthode ? Je vais, Messieurs, vous en indiquer les côtés les plus saillants.

Le principe qui lui sert de base, n'est autre que

celui qui a servi à atténuer les premiers virus. Ce n'est en somme que l'action de l'air et du temps. Pour le choléra des poules et le charbon, nous l'avons vu, c'était dans des cultures en dehors de l'animal qui leur servait de terrain, mais pour la rage, jusqu'à présent, c'est dans le système nerveux de l'animal.

Comme nous l'avons indiqué plus haut, si l'on inocule un lapin avec le bulbe d'un animal qui vient de succomber à la rage arrivée à son maximum d'intensité, la maladie se déclare d'une façon immuable, le septième jour. Mais, si au lieu de pratiquer cette inoculation le jour même, on laisse le bulbe exposé à l'air, dans les conditions voulues, trois, quatre, cinq, six jours, la rage se déclarera car les moelles ont conservé leur virulence, mais au bout d'une période qui sera d'autant plus longue que les bulbes seront plus vieux.

Preuve évidente que sous l'influence du temps écoulé, la virulence s'est modifiée. Elle peut même s'éteindre complètement, si l'on laisse écouler dix à quatorze jours, et les animaux inoculés alors, non seulement ne contractent plus la maladie, mais encore ils sont rendus absolument réfractaires aux inoculations les plus virulentes, ils sont vaccinés contre la rage, de même que ceux qui avaient été inoculés avec du virus du choléra des poules ou du charbon atténué, sont devenus réfractaires à ces maladies.

Comme on le voit, si le procédé diffère au point de vue des détails, il n'est que l'application de la grande loi de l'atténuation des virus, découverte par le génie de M. Pasteur.

En vieillissant, les virus perdent de leur virulence et se transforment en vaccins. Il suffit d'inoculer ces vaccins soit à l'homme, soit aux animaux, pour leur conférer l'immunité.

Les nombreuses expériences relativement au vaccin rabique, pratiquées sur les animaux, ont justifié suffisamment l'application qui en a été faite à l'espèce humaine, et je ne crois pas que les quelques insuccès signalés soient de nature à venir amoindrir en quoi que ce soit l'importance de cette bienfaisante découverte. La vaccine Jennérienne prévient-elle de la façon la plus absolue de la variole ? et pourtant depuis qu'on la répand, les services qu'elle a rendus sont incalculables.

En matière scientifique, il faut savoir éviter l'enthousiasme immodéré, de même que le scepticisme outré et de parti-pris.

Les faits parlent chaque jour. Il s'est trouvé, il se trouve encore des hommes qui repoussent la vaccine Jennérienne après un siècle de preuves. Quoi d'étonnant alors, qu'il s'en trouve pour combattre la vaccine Pastorienne qui en est à ses premières années d'application et qui n'en repose pas moins sur un grand nombre de faits? Au trente-un décembre 1886, le nombre des personnes traitées s'élevait à 2.682 sur lesquelles on ne comptait que trente-un décès.

Il me serait difficile d'énumérer ici, tous les services que l'atténuation des virus est appelée à rendre. Ce ne sont point là des vues de l'esprit. Depuis la première atténuation découverte par M. Pasteur, c'est-à-dire depuis 1880, rien n'est venu infirmer cette loi. Les grandes lignes établies et tracées par le Maître, restent, et malgré tous les arguments, malgré tous les raisonnements rassemblés contre, elles demeureront comme les assises solides sur lesquelles s'édifie peu à peu le monument scientifique que notre siècle léguera à la postérité.

Toutes ces attaques ne sont que les nuages de sable qui poussés par les vents, viennent se briser contre les pyramides, sans jamais pouvoir les engloutir. Autant en amène une tempête, autant une autre raffale en emporte et malgré tout, les pyramides, depuis des siècles et des siècles, sont là, debout, défiant les sables du désert.

Il en sera de même des découvertes fondamentales

de l'Illustre Français, qui sauront résister à tous les nuages, à toutes les tempêtes.

Quelques faits négatifs, semblent par moment porter atteinte aux principes. Je ne l'ignore pas. Mais, connaît-on leur vraie cause ? Bien des conditions spéciales nous échappent encore, qui, une fois connues, nous donneront sans doute la clé de toutes ces irrégularités. Tous les phénomènes biologiques sont des plus complexes ; prétendre les connaître d'emblée serait de notre part une orgueilleuse prétention. L'histoire de toutes nos découvertes scientifiques ou industrielles est là, pour nous montrer que ce n'est que graduellement que l'on est arrivé aux connaissances acquises. Que l'on ait confiance en la science expérimentale et bien dirigée, elle saura faire donner à la méthode tout ce qui sera possible.

Les résultats obtenus jusqu'ici, sont, je dirais volontiers, surprenants, car ils dépassent tout ce que l'imagination humaine pouvait concevoir avant cette période scientifique, et ce n'est pas peu dire.

Au premier fait annoncé, l'esprit humain a été surpris et sa stupéfaction est allée toujours en grandissant, quand passant des animaux à l'homme, il a pu apprécier les bienfaits d'une loi inconnue jusqu'alors et mise en évidence par l'expérimentation.

Les services rendus par les premières découvertes sont immenses, mais ils sont loin d'avoir la portée de celle qui concerne la rage.

Il faut avoir vu, comme je l'ai vu, ces malheureux qui succombent, pour juger de la grandeur du service rendu. Il faut avoir assisté aux derniers moments d'un rabique, à cette lutte entre le virus et l'organisme, le virus restant toujours maître de la place, pour apprécier à sa juste valeur cette découverte.

Je vois encore cette jeune fille, qui portait le nom poétique de Manon, mourant à l'Hôtel-Dieu, il y a quelques mois à peine, des suites d'une petite morsure, à laquelle elle n'avait attaché aucune importance, et qui devait peu de temps après, être cause de sa mort et quelle mort ! Mourir de la rage ! qui aurait jamais pu supposer que Manon succomberait ainsi ! A ce nom, par une association d'idées, tout ce qu'il y a de poésie, d'affection, de sentiment dans le chef-d'œuvre de l'abbé Prévost, vient à la pensée, et l'on ne peut s'empêcher de murmurer : pauvre fille !

Mais, si l'on est saisi de pitié, pour ceux qui succombent, ce n'est point en présence de ces symptômes furieux que l'on se plaît à décrire. Non, c'est plutôt devant ces sentiments, ces idées affectives, devant cette voix et ces yeux suppliants ; devant ces termes touchants vis-à-vis de leur famille, pour passer de là tout-à-coup à la colère et à la haine.

Rien ne peut dépeindre ces scènes partagées entre les sentiments les plus divers et les plus variés. Elles sont horribles à voir et si le Dante en avait eu connaissance, nul doute qu'il ne les ait ajoutées aux supplices de l'enfer.

Que pouvait-on jusqu'à présent contre un mal si terrible ! Attendre perplexe la fin de l'incubation, impuissant à découvrir et à terrasser l'ennemi, et quand le mal éclatait, triste spectateur de cette scène terrible, attendre le fatal dénoûment.

Quand on a assisté à un tel spectacle, on ne peut qu'être saisi d'admiration pour une découverte susceptible de le faire disparaître à jamais. On ne peut que louer le génie qui, par la force de l'expérimentation, est arrivé à un pareil résultat.

Voilà, ce que peut la méthode expérimentale rigoureusement conduite. Voilà ou peut en arriver celui qui, après un long labeur, après des veilles nombreuses, découvre une de ces grandes lois qui régissent les phénomènes biologiques.

Sous le souffle d'une intelligence supérieure, une découverte en amène bientôt une autre, et c'est ainsi que l'esprit humain fort de ce qu'il a mis en lumière précédemment peut être confiant en lui-même.

Une des grandes lois de la biologie vient d'être découverte : Les virus ne sont pas immuables.

C'est à la méthode expérimentale à découvrir pour chacun, quelles sont les voies par lesquelles on peut y arriver. Disons-le sans crainte, l'avenir lui appartient, à condition qu'elle n'établisse ses conclusions qu'avec prudence. Les faits dont elle a à s'occuper sont compliqués, ils ont besoin d'être étudiés, non pas superficiellement, mais à fond, au moyen de l'analyse et de la synthèse, car, comme le dit Chauffard, dans son étude sur la vie : « A côté de l'analyse continue, il faut placer l'action fortifiante et supérieure de la synthèse ; il faut que la synthèse toujours présente et active, maintienne le rapprochement et les rapports naturels des phénomènes, les soumette et les fixe, les substantialise en un mot. Sans elle, on poursuit les ombres et on n'atteint pas les choses. Et que d'ombres, là ou l'on croit voir les réalités ! que d'ombres, là où l'on croit saisir un fait. Et quelles ombres, mobiles et changeantes, ne laissant pas trace d'elles-mêmes, oubliées aussitôt que passées. »

Une des gloires de notre époque, c'est d'avoir su s'appuyer sur les enseignements qui ressortent de l'intervention de la méthode expérimentale et de ne pas avoir subi l'entraînement occasionné parfois par l'esprit systématique. Dans le premier tiers de ce siècle n'a-t-on pas vu la contagion niée pour toutes les maladies, sous l'influence de cet esprit systématique qui les attribuait toutes à l'irritation ? Et pourtant, quelques expériences bien faites, n'auraient-elles pas dû démontrer la contagion, ne fût-ce que d'animaux à animaux. Un simple coup de lancette pouvait faire plus pour élucider ce point, que tous les plus beaux raisonnements. Mais l'esprit de l'homme est ainsi fait, il se laisse séduire, il est très difficile à convaincre.

Les esprits les plus clairvoyants, se laissent quelquefois égarer et éblouir par le miroitement du faux. La science française a su tout sacrifier à la recherche du vrai et c'est le plus beau titre de celui qui est vraiment le promoteur de ce grand mouvement, d'avoir su mettre de côté tout esprit de système pour ne s'appuyer que sur des faits et sur des faits incontestables.

Il suffit de suivre cette longue série d'expériences d'une précision inouïe, qui conduisent à ces découvertes multiples, pour être convaincu. Les résultats, du reste, sont certains et faciles à contrôler, il suffit de bien suivre la méthode.

Que sont devenus les contradicteurs nés et de parti pris ? Ils ont été obligés de revenir sur leurs premières assertions. Voilà de beaux résultats qui prouvent mieux que tous les raisonnements, ce que peut une intelligence d'élite, qui met à son service une méthode rigoureuse.

Les découvertes et les idées de M. Pasteur attaquées, ne sont sorties que plus fortes et plus grandes de la lutte. Elles ne sont pas restées confinées dans le laboratoire, elles ont fait le tour du monde, semant partout sur leur passage le progrès scientifique. N'est-ce pas là, la plus belle preuve de leur supériorité et de leur importance ?

Aussi, si les sciences biologiques jettent un certain éclat au XIX$^{me}$ siècle par les progrès considérables qu'elles font, une grande part doit en être attribuée à l'Illustre Savant qui dans tous ses travaux, n'a su accepter pour vrai que ce qui était démontré tel, non pas par une, mais par une multitude d'expériences.

Honneur à cet homme de science, qui illustre tant son époque ! Honneur à tous ces chercheurs qui marchant à la suite du Maître, laissent de côté les systèmes, les théories, pour ne s'inspirer que de la vraie méthode scientifique.

Voilà la science que nous aimons ; voilà la science que nous cultivons volontiers, car c'est un terrain on ne peut plus fertile, pour celui qui sait y semer pour récolter.

Honneur à la science Française ! C'est elle qui a

tracé le sillon, c'est elle qui a su inspirer d'aussi beaux travaux, d'aussi sublimes découvertes. Les premiers jalons ont été plantés par elle. C'est à elle que l'on doit cette méthode expérimentale et cet esprit scientifique dont tous les efforts se concentrent vers un seul but : la recherche de la vérité relativement à ces grandes lois qui régissent les phénomènes biologiques.

Qu'elle poursuive dans cette voie ! Qu'elle ait confiance en elle-même ! Qu'elle ne se laisse pas aller à de légères défaillances ! car ce serait pour elle tomber dans une mollesse et une indifférence désastreuses.

Qu'elle continue toujours à suivre ses principes, la lutte, je dirais volontiers passionnée, car c'est dans son caractère, pour le vrai et le bien. « L'énergie du vrai et du bien, dit Chauffard, peut nous valoir une ère nouvelle de grandeur et de prospérité. C'est là la vie de la France, car ce pays est tel, qu'il ne peut vivre que grand et prospère ; il est impropre à une existence obscure, médiocre, pauvre ; il est de ceux qui sont condamnés à dire : Tout ou rien ! »

« On nous oppose l'éclat de la science Allemande, cet éclat nous trompe ; il ne nous paraît réel que parce que notre vue intellectuelle s'est affaiblie et que nous croyons sur parole, les intéressés qui nous chantent l'hosannah allemand. Ce faux éclat s'éteindra de lui-même, et les temps ne sont pas loin où l'on sera étonné du peu qui restera de tout ce faux prestige. Le lourd travail de l'Allemagne, celui surtout qui concerne la biologie, peut se résumer en ces mots : beaucoup de faits de détail, la plupart mal vus et mal définis ; beaucoup de théories vaines se détruisant les unes les autres ; très peu de vérités réelles acquises, aucune de ce ces larges vues qui conquièrent à l'observation de riches et vastes domaines ; pas un Harvey, pas un Bichat, pas un Laennec. » et j'ajouterais pas un Pasteur !

On dit avec raison, et je suis un des premiers à le proclamer, que la science n'a pas de patrie, mais ceux qui la cultivent en ont une ; et quand on est Français, et que l'on considère tous ces beaux travaux, toutes ces immortelles découvertes, dont les applications bienfaisantes sont si riches en résultats, non seulement pour l'agriculture, qui constitue une des richesses du pays, mais encore pour l'humanité tout entière, c'est avec un légitime sentiment d'orgueil que l'on peut s'écrier : la patrie de Pasteur, c'est la France !

134

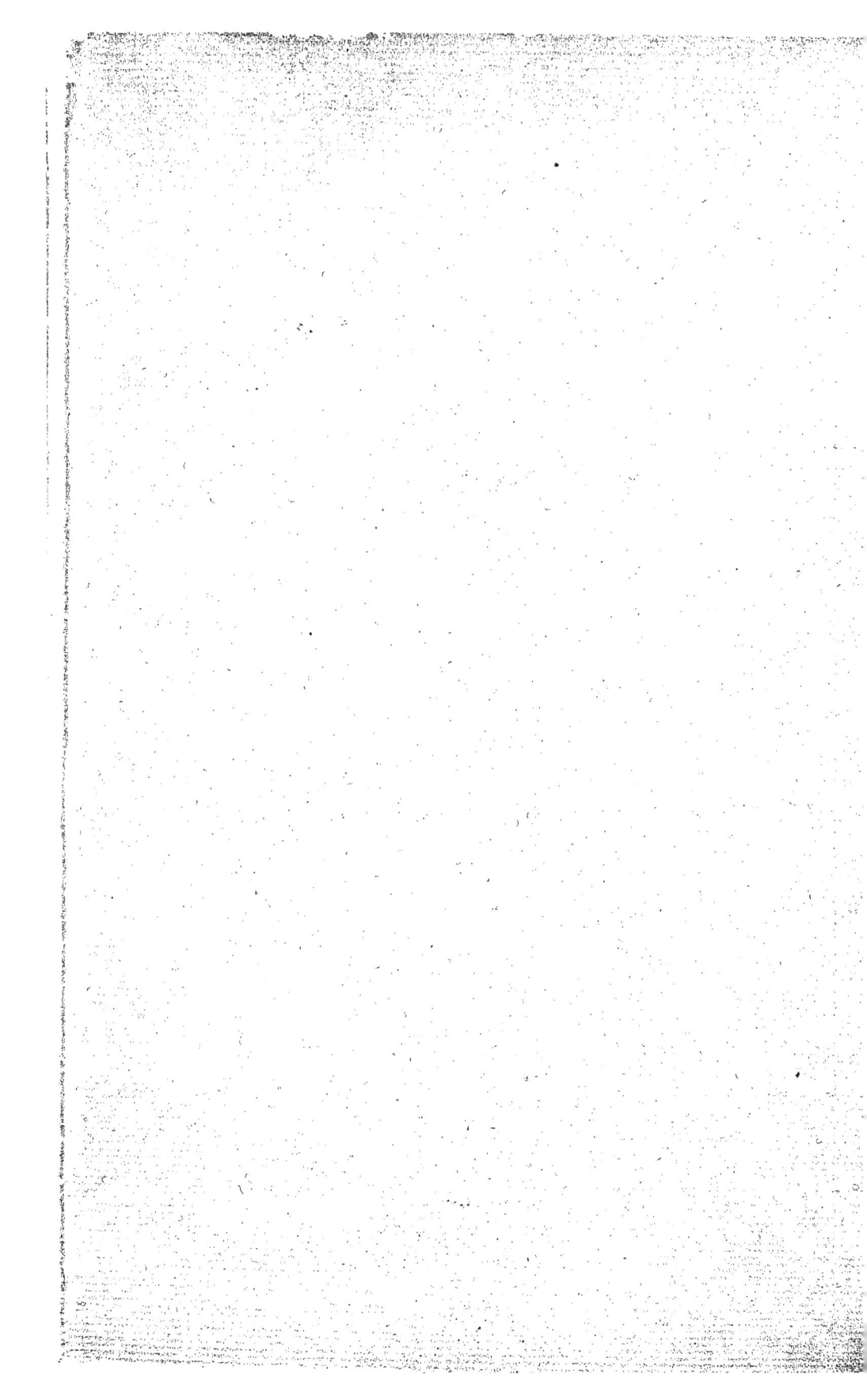

www.ingramcontent.com/pod-product-compliance
Lightning Source LLC
Chambersburg PA
CBHW071414200326
41520CB00014B/3448